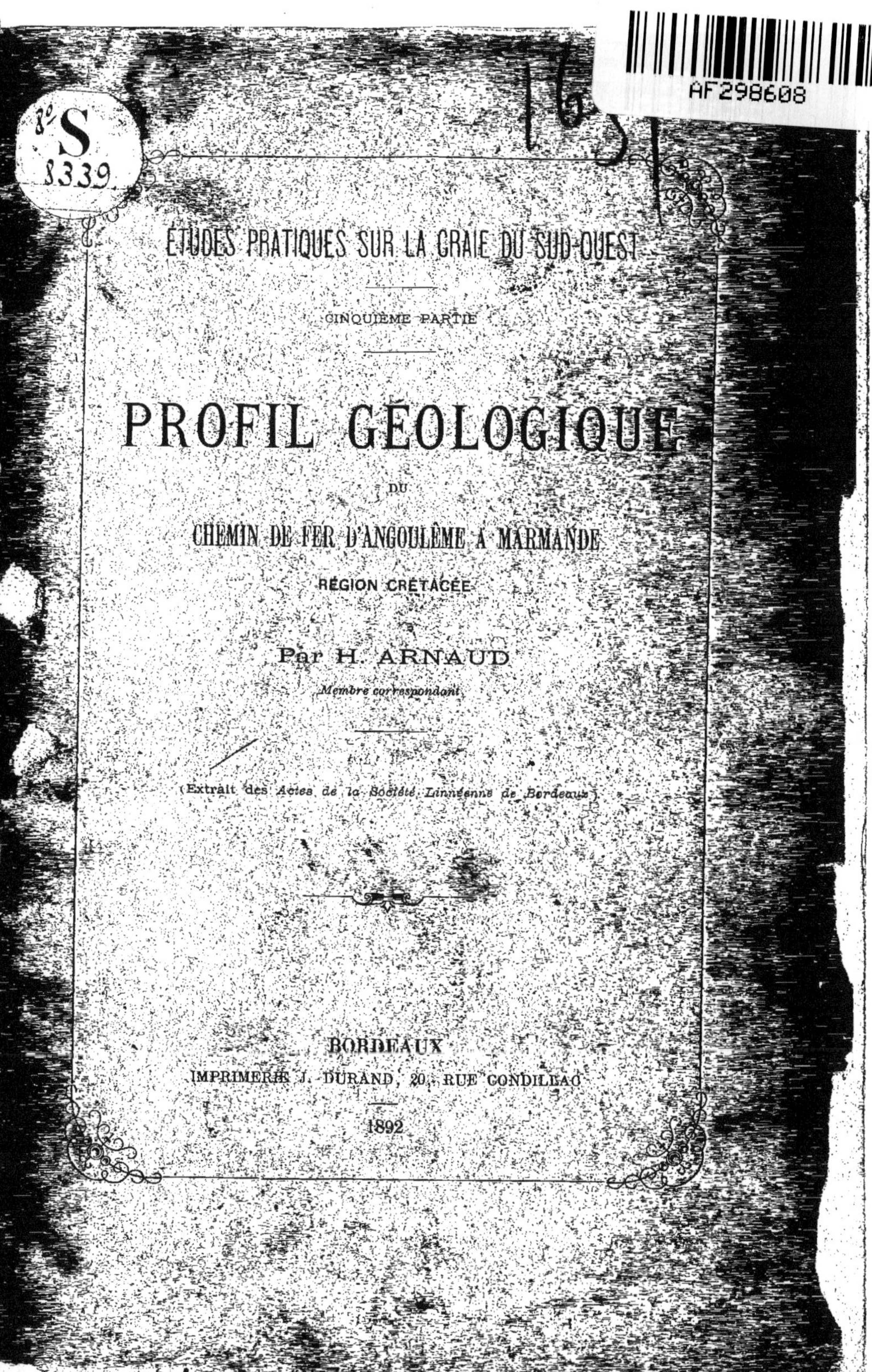

ÉTUDES PRATIQUES SUR LA CRAIE DU SUD-OUEST

CINQUIÈME PARTIE

PROFIL GÉOLOGIQUE

DU

CHEMIN DE FER D'ANGOULÊME À MARMANDE

RÉGION CRÉTACÉE

Par H. ARNAUD

Membre correspondant

(Extrait des Actes de la Société Linnéenne de Bordeaux)

BORDEAUX

IMPRIMERIE J. DURAND, 20, RUE CONDILLAC

1892

CINQUIÈME PARTIE

PROFIL GÉOLOGIQUE

DU

CHEMIN DE FER D'ANGOULÊME A MARMANDE

RÉGION CRÉTACÉE

Par H. ARNAUD

Membre correspondant.

(Extrait des *Actes de la Société Linnéenne de Bordeaux*).

BORDEAUX

IMPRIMERIE J. DURAND, 20, RUE CONDILLAC

1892

PROFIL GÉOLOGIQUE

DU CHEMIN DE FER D'ANGOULÊME A MARMANDE

RÉGION CRÉTACÉE

Par **H. ARNAUD**

Membre correspondant.

Le chemin de fer d'Angoulême à Marmande vient s'amorcer à la ligne d'Angoulême-Limoges près de la station de Magnac-Touvre ; il s'engage immédiatement dans la vallée de l'Échelle et suit, jusqu'à la station de Mareuil, une direction sensiblement nord-ouest-sud-est. De ce point, il se dirige presque exactement du Nord au Sud, occupant, dans la Dordogne, à partir de Siorac-Ribérac, la lisière occidentale du terrain crétacé.

L'allure des couches qui, dans le Sud-Ouest, suit généralement la direction nord-est-sud-ouest, a été gravement influencée par les évènements qui, sur deux points, ont fait ressortir le jurassique au milieu des terrains crétacés : le premier, entre Mareuil et Larochebeaucourt ; le second, à Chadeuil-Saint-Just, points correspondant au passage de failles indiquées dans des travaux antérieurs. On saisit facilement sur le profil la trace de l'énergique pression qui a relevé le crétacé entre Ribérac et Larochebeaucourt et dont les effets se sont graduellement atténués en se dirigeant au Sud, pression et refoulement concordant avec la faille qui coupe obliquement la voie près de Larochebeaucourt.

La ligne s'ouvre à Magnac dans le jurassique et se maintient dans ce terrain jusqu'à la station de Garat où le portlandien s'infléchit sous les argiles et les grès lignitifères, avec une légère perturbation des couches de contact. A partir de Garat, le juras-sique ne reparaît plus et la série crétacée n'est interrompue que par les dépôts tertiaires qui couronnent les sommets entre Sers-Rougnac, Siorac-Saint-Vincent et Lagudal-Maurens.

Le crétacé disparaît lui-même à l'approche de la vallée de la Dordogne, entre Maurens et la Ressègue, où il cède définitive-ment la place aux terrains tertiaires. On peut ainsi le suivre dans un parcours d'environ cent vingt kilomètres en chiffres ronds.

ÉTAGE CÉNOMANIEN, d'Orb.

Gardonien et Carentonien, Coquand.

A l'état complet le Carentonien comprend de bas en haut, dans le Sud-Ouest :

a. Des argiles schisteuses, noirâtres, alternant avec des grès;

b. Un calcaire généralement puissant à *Caprina adversa;*

c. Des argiles désignées sous le nom de tégulines, puis des sables et des grès couronnés par un banc calcaire peu épais, reproduisant la faune du banc inférieur *b.*

De l'Ouest à l'Est, ces couches s'atténuent et tendent à se con-fondre : près de Mareuil, on reconnaît que le caractère arénacé tend à prédominer : la formation prend un faciès plus littoral ; à l'extrémité sud-est du bassin, elle n'est plus représentée que par un banc calcaire arénacé peu épais, signalé par M. Mouret dans les environs de Simeyrols et de Gourdon avec *Icthyosurcolithes triangularis.*

J'ai indiqué ailleurs les considérations qui me paraissent militer en faveur de la réunion à l'étage carentonien des argiles de début (argiles lignitifères, Coquand) qu'il ne faut pas con-fondre avec les lignites du Sarladais (1).

Une tranchée récemment ouverte à Bassau, près d'Angoulême, pour le passage du chemin de fer desservant la poudrerie natio-

---

(1) *Mémoires Soc. géol. de France,* 2ᵉ série, t X, nᵒ 4, pag. 4 et suiv.

nale, confirme les faits que j'ai signalés; avant d'être murée elle présentait de bas en haut la succession suivante :

a. Jurassique perforé à la surface.

b. Argiles noires, efflorescentes, peu épaisses et faisant souvent défaut, sans fossiles.

c. Grès calcarifères ou siliceux, bleuâtres ou rougeâtres, avec lignites et succin : faune cénomanienne : *Anorthopygus orbicularis, Pygaster truncatus, Orbitolina concava, Terebratella Menardi, Ost. columba minor* (*Reaumuri* Coq.), etc. .... 1.80 à   2ᵐ »

d. Argiles noires, schisteuses et charbonneuses; débris de végétaux et succin : un rognon de succin, tapissé d'exogyres, atteste l'origine marine du dépôt .... 1.70 à   2 »

e. Sables verts, meubles, passant à des lentilles de grès verts plus ou moins puissantes ....   2 »

f. Argiles noires, schisteuses : débris charbonneux pyriteux .... 2.50 à   3 »

g. Grès bleuâtre avec faune carentonienne 1. 80

h. Sables gris, verdâtres, sans fossiles .... 2 »

i. Au sommet, banc calcaire noduleux pétri de *Caprina adversa, Icthyos. triangularis*, etc., visible sur .... 2 à   3 »

$$15^{m}80$$

On voit ainsi justifiées l'alternance toujours irrégulière et l'origine identique des sables, des grès et des argiles par lesquels débute au Nord-Ouest l'étage carentonien.

Cette formation se montre sur la ligne à la tranchée du Grand Moulin, près de la gare de Garat : les dernières couches portlandiennes affleurent au début sur quelques mètres et, par suite de plissements, aux deux tranchées suivantes, après lesquelles elles disparaissent définitivement.

On constate au sommet la perforation du jurassique par des lithophages comme aux environs d'Angoulême.

Le crétacé débute par les argiles noires, schisteuses, sans fossiles, qui annoncent généralement son avènement; peu épaisses sur ce point, 1 mètre à 1ᵐ 50, elles sont recouvertes par des grès verdâtres ou jaunes, en lentilles irrégulières, noyées dans des sables entremêlés de marnes grisâtres, avec *Exogyra flabellata, Exogyra columba, Rhynchonella Lamarckiana*, etc.

Ce système s'infléchit à la tranchée du Picard sous des calcaires noduleux, avec zones marneuses, grises ou blanchâtres, peuplées de *Sph. foliaceus, Caprina adversa, Icthyosarcolites triangularis, Polyconilites operculatus, Sphærulites triangularis, Sph. Fleuriausi, Ostræa Desori, Janira Fleuriausi,* etc.

Les calcaires prennent, en s'élevant, un plus grand degré de pureté et se terminent à la tranchée des Tuileries par un banc semi-cristallin pétri de *Sauvagesia.*

Les *Sauvegasia,* sphérulites à bandes plissées, ont, dans ces derniers temps, éveillé spécialement l'attention des paléontologistes : M. Choffat (*Études paléontologiques sur la faune crétacique du Portugal,* p. 29-31, et *Siphonidæ,* pl. II, III, IV, 1886) a complètement décrit et figuré le type originaire du genre, *Sph. Sharpei,* Bayle, signalé en premier lieu par Sharpe dans son mémoire sur les terrains secondaires du Portugal au nord du Tage. Dans son énumération des divers rudistes connus et rapportés par lui aux trois types par lui étudiés (*Radiolites, Sphœrulites* et *Hippurites*), Bayle, en 1857, s'était borné à une simple indication se référant au mémoire précité de Sharpe. M. Peron (*Notes pour servir à l'histoire du terrain de craie,* 1887, p. 88-98) a, de son côté, signalé, dans un dépôt correspondant à la zone à *Belemnites plenus,* l'existence de débris de rudistes (*sphérulites*) présentant les caractères extérieurs des *Sauvagesia* et notamment de *S. Sharpei;* dans sa description des mollusques de Tunisie, 1890-91, p. 280-286, le même auteur a discuté les caractères de *Sauvagesia Nicaisei,* Coq., *S. Sharpei,* Bayle et *Rad. cornupastoris,* Des Moulins. La conclusion de ce travail est que » si l'organisation interne de *Sauv. Nicaisei* était mieux connue, » on reconnaîtrait qu'aucune différence réellement importante » ne le sépare de *S. Sharpei* ni de *Biradiolites cornupas-* » *toris* ».

Les recherches opérées par M. Choffat dans le crétacé d'Alcantara depuis le mémoire ci-dessus indiqué l'ont amené à reconnaître, dans les mêmes couches, des rudistes à bandes, les uns pourvus d'une arête et rentrant conséquemment dans le genre *Sauvagesia,* les autres sans arête et se classant par suite dans le genre *Radiolites* ou *Biradiolites.* Cette découverte que M. Choffat m'a communiquée m'a incité à rechercher dans la Charente l'existence possible de la forme *Radiolites* dans le banc à *Sauvagesia;* mais mes recherches n'ont eu à ce point de vue qu'un résultat négatif : je n'ai jamais reconnu dans les individus suffisamment conservés, que des représentants du genre *Sauvagesia*.

Je dois à l'obligeance de M. Choffat des individus appartenant aux deux types par lui rencontrés. Ils se distinguent entre eux au premier abord par leur ornementation extérieure; l'espace compris entre les deux bandes plissées et que, pour simplifier, j'appellerai le *Cosinus*, car dans les sphérulites à simples sinus il leur sert de trait d'union, présente dans les *Radiolites* un pli aigu extérieurement, quelquefois formé de gradins successifs, dressant entre les bandes une forte carène, tandis que, dans les *Sauvagesia*, le cosinus est en creux et dessine un angle rentrant : ce dernier caractère est commun aux *Sauvagesia* de la Charente qui, quelquefois, par l'exagération même du creusement, repoussent en relief les bords qui le limitent.

D'un autre côté, dans les exemplaires de *Sauv. Sharpei* que j'ai reçus, le nombre des plis de chacune des bandes, principalement de la première, est toujours relativement plus considérable que chez les *Biradiolites* et les bandes elles-mêmes relativement plus larges.

Tout concourt donc dans l'ornementation extérieure à confirmer la distinction des deux genres coexistants, distinction concordant avec la modification de l'appareil cardinal : je n'insiste pas d'ailleurs sur l'importance de ce dernier caractère si bien mise en relief par M. Bayle (*Bull. Soc. géol. de Fr.*, 2ᵉ série, t. XIV, p. 647 et suiv.).

Reste le rapprochement avec *Radiolites cornupastoris*.

Le type de l'espèce a été créé par Des Moulins sur des rudistes recueillis aux Pyles (Dordogne), niveau de la pierre de taille à *Rad. lumbricalis*. La même espèce existe à Chancelade et sur tous les points de la région environnant Périgueux où affleure la zone à *lumbricalis*.

C'est donc au type de Des Moulins qu'il convient de se référer pour bien connaître l'espèce. Bayle (*Bull. Soc. géol.*, 2ᵉ série, t. XIII, p. 139-146, pl. IX) a donné une excellente description et des figures du même type, de la même provenance.

Ce type appartient incontestablement au genre *Radiolites*, c'est-à-dire sans arête cardinale : c'est là un élément capital de distinction; mais l'ornementation extérieure ne manque pas de confirmer la division. Un élément saisissant et qui a frappé tous ceux qui ont abordé la comparaison des *Sauvagesia* et du *Biradiolites cornupastoris*, c'est, dans cette dernière espèce, la largeur exceptionnelle du *cosinus*; c'est là un caractère commun à tous les exemplaires de l'étage angoumien, quel que soit le point où ils aient été recueillis, Charente ou Dordogne. Loin d'être en angle rentrant comme dans les *Sauvagesia*, ce *cosinus* est à fleur de test et orné de gros plis de la même manière que le reste de la coquille.

La première bande, la plus rapprochée de l'appareil cardinal, est relativement très étroite et son rapport avec la bande la plus éloignée donne un chiffre notablement inférieur à celui des *Sauvagesia* : il en est de même quant au nombre des plis de chacune des bandes.

L'examen attentif des caractères de chacun de ces trois types suffit donc pour permettre de les distinguer sûrement, même sur la simple ornementation extérieure (1).

Les *Sauvagesia* de la Charente paraissent dépendre d'une seule espèce dont l'ornementation subit toutefois quelques variations : les bandes plissées, saillantes dans le jeune âge, se dépriment avec le temps et dans les plus grands exemplaires sont toujours en creux; j'ai fait la même observation sur les grands *Biradiolites cornupastoris* du Provencien de Saint-Cirq : il semble résulter de cette observation que, chez les rudistes à bandes, le développement de cette partie est en retard sur celui du reste du test : l'absence de ressaut par lames horizontales chez les sujets qui en sont pourvus sur le reste du test, confirme ces conditions particulières de développement.

L'espèce des Charentes constitue-t-elle un type nouveau ou doit-elle être rapportée à l'un des deux types décrits : *Sauv. Nicaisei, Sauv. Sharpei?* Les descriptions et les figures données par Coquand (*Géologie de la province de Constantine*), par M. Choffat; *Études paléontologiques sur le crét. du Portugal*, par M. Peron (*Fossiles de Tunisie*), ne permettent pas une solution

---

(1) Dans un travail récent (*Note sur le crétacique de Torres Vedras*, Péniche et Cercal), M. Choffat a étudié et discuté les rapports et les différences des Sphérulites et des Radiolites dont je viens de parler : il arrive aux mêmes conclusions que moi et fait du type à bandes, sans arête, du Carentonien portugais le *Biradiolites Arnaudi*, Choffat.

absolue : les variations constatées sur le type des Charentes le font alternativement ressembler à l'un ou à l'autre des *Sauv. Nicaisei* et *Sauv. Sharpei*, entre lesquels il pourrait jouer le rôle de trait d'union et dont il provoquerait la réunion sous le nom plus ancien de *S. Sharpei*.

Le banc à *Sauvagesia* se poursuit à travers la Charente-Inférieure et la Charente, principalement dans les récifs à rudistes du calcaire inférieur (*b*) à Icthyosarcolithes : j'en possède un fragment de la gare de Saint-Savinien ; j'en ai constaté la présence continue d'Anqueville, près de Châteauneuf, à la tranchée des Tuileries, entre Garat et Sers : un exemplaire a été trouvé à Angoulême, à la base des argiles tégulines ; enfin j'en possède un individu recueilli à l'île Madame dans les calcaires jaunes arénacés qui constituent le couronnement du Carentonien (*c*).

La tranchée des Tuileries présente sur la voie le dernier affleurement du Carentonien : les argiles tégulines, les sables et le calcaire supérieur (*c*) n'y sont pas atteints ; on peut les observer près du chemin de fer, dans les nombreuses tuileries qui exploitent les argiles tégulines ; ils n'y présentent aucun caractère exceptionnel utile à signaler.

Le Carentonien est essentiellement coralligène : sa faune de rudistes est composée de genres dont la plupart s'éteignent avec lui et ne passent pas dans les horizons supérieurs :

Caprina adversa.	*G. carentonensis.*
Icthyosarcolithes triangularis.	*Apricardia lævigata.*
Polyconilites operculatus.	*Sphærulites foliaceus.*
Caprotina quadripartita.	*Sph. Triangularis.*
Caprotina striata.	*Sph. Fleuriausi.*
C. (chaperia) costata.	*Sph. n. sp.*
Gyropleura navis.	*Sauvagesia Sharpei.*
G. ornata.	Etc.

TURONIEN, d'Orb.

I. — Ligérien, Coquand.

Trois niveaux caractérisent le Ligérien de bas en haut :

D¹ Calcaire noduleux à *Terebratella carentonensis* ;
D² Calcaire marneux à *Exogyra columba major* ;
E Calcaire noduleux à *Ammonites Rochebrunei*.

Cet étage n'a été attaqué par la voie qu'à la tranchée de Ropris : elle y coupe un calcaire très marneux, grisâtre, avec *Exogyra columba, ostræa canaliculata,* correspondant au Ligérien inférieur et au début du Ligérien moyen. Le banc à Ammonites n'est pas visible sur la voie ; M. de Grossouvre, qui a entrepris la révision des Ammonites du crétacé supérieur, a bien voulu me permettre d'utiliser ses déterminations et a reconnu, dans le crétacé du sud-ouest, au niveau E :

Primocyclus Wolgari Sow.	*Mammites Rochebrunei* Coq.
Primocyclus papalis d'Orb.	*Mammites Nodosoïdes* Schl.
Primocyclus Fleuriausi d'Orb.	*Tissotia Ganiveti* Coq.
Mortoniceras Salmuriense Court.	*Puzosia Möbergi?* Schl.
Pachydiscus Cephalotus Court.	

Le Ligérien est essentiellement pélagique et ne présente sur aucun point du bassin trace de rudistes.

II. — **Angoumien,** Coquand.

On distingue de bas en haut trois zones dans l'Angoumien :

F[1] Calcaires blancs, fragmentés, à structure fine et lithographique, mais sans résistance et fusant à la ·gelée en donnant naissance à une marne pâteuse, blanche ; accidentellement quelques bancs plus durs, tubuleux, principalement à l'ouest du bassin où les éléments fusibles sont plus rares ; vers la partie supérieure de cette zone, un banc fossilifère avec *Cyphosoma Engolismense, Periaster oblongus, Ostræa Arnaudi,* etc.

Cyph. Engolismense présente une grande analogie avec *Cyph. Archiaci,* Cott : il n'en diffère que par l'ornementation des ambulacres qui, au lieu de porter, entre les deux rangées de tubercules, une zone miliaire couverte de granules descendant jusqu'au dessous de l'ambitus, ont cet intervalle uniquement occupé par deux filets simples de granules suivant en zig-zag la suture médiane des plaques.

J'ai comparé le type de *Cyph. Engolismense* avec des échantillons de *C. Archiaci* provenant des Corbières et d'Algérie et, sur deux exemplaires attribués à cette dernière espèce, j'ai constaté l'ornementation ambulacraire spéciale à *C. Engolismense,*

Dans la Charente-Inférieure, près du littoral de l'Océan, les calcaires durs sont plus développés et recèlent, dès cette zone, les rudistes plus habituellement cantonnés dans les bancs moyen et supérieur : *Apricardia Archiaci, Radiolites lumbricalis*, etc.

F² Calcaires blancs, plus grenus que les précédents, se divisant en plus gros fragments, mais gélifs ; ils offrent sur certains points des bancs de rudistes précurseurs de ceux qui abondent dans l'Angoumien supérieur G. Pour le surplus, même faune que celle de l'Angoumien inférieur.

G. Calcaires homogènes pétris de *Radiolites lumbricalis* et fournissant, d'Angoulême à Périgueux, une pierre de taille blanche tendre, susceptible de se scier facilement et employée dans un rayon très étendu : à l'Ouest, les bancs sont plus durs, verdâtres et ne sont utilisés que pour dalles et marches d'escaliers ; on les exploite avec cette destination près de Châteauneuf (Charente).

Ces calcaires ne conservent plus les mêmes caractères quand en se dirigeant à l'Est on atteint la rivière de l'Isle ; ils passent près de Sorges (Dordogne), à un calcaire grenu, suboolithique, dont M. Mouret a constaté l'extension transgressive sur le jurassique, à peu de distance de ce point.

L'Angoumien constitue un dépôt coralligène dont les caractères s'accentuent graduellement de la base au sommet.

L'Angoumien inférieur fait sa première apparition sur la ligne à la tranchée de la Fontaine, près de la gare de Sers-Dignac : on le suit avec le même faciès, calcaire blanc, fragmenté, très gélif, jusqu'à la base de la tranchée de Chaveroche dont les bancs supérieurs accusent un niveau plus élevé.

On le retrouve, en se rapprochant de Larochebeaucourt, à la tranchée de la Thébaïde : le plissement des couches le ramène près de la gare de Larochebeaucourt, à la base de la grande tranchée du Jardin-Rose, et, en se dirigeant vers Mareuil, aux tranchées d'Argentine et près des carrières.

L'Angoumien moyen présente à Plancheménier, près de Chaveroche, des caractères particuliers : il est entremêlé de grès ou de silex ferrugineux qui se sont infiltrés entre les bancs calcaires de l'étage et y ont formé des dépôts plus ou moins puissants ; les calcaires s'y trouvent métamorphisés et fournissent des matériaux de construction exceptionnellement résistants. Les grès ferrugineux paraissent avoir une origine thermale concordant avec le métamorphisme des calcaires; on constate un phénomène analogue à la tranchée de la Gélie, Provencien moyen, où les joints des bancs calcaires sont séparés par un filet horizontal des mêmes grès. Cette introduction d'une même roche à des niveaux divers indique que les éruptions thermales se sont produites postérieurement au crétacé entre les feuillets déjà consolidés, duquel elles ont indifféremment pénétré sur tous les points où cette introduction a été possible.

Dans les environs d'Angoulême, les plateaux qui entourent la ville de l'Est au Sud sont recouverts, au-dessus de l'Angoumien, de débris abondants de ces grès que l'on a autrefois utilisés pour l'empierrement des routes; l'identité de situation pourrait laisser supposer que ces dépôts encadrés dans l'Angoumien et le Provencien sont dus à un phénomène crétacé; Coquand (*Descr. de la Charente,* t. II, p. 27-28) les considérait comme une dépendance de ces étages; mais cette manière de voir est combattue par les conditions du dépôt nettement isolé de la roche crétacée dans laquelle il s'est moulé suivant les cavités de la roche antérieurement consolidée. J'ai constaté près de Puymoyen (Charente), l'infiltration des mêmes grès entre les strates du Coniacien inférieur; Coquand lui-même a indiqué sa présence dans le Coniacien (*Descr. de la Charente,* t. I, p. 496). Il existe entre Charmant et Puygaty, à gauche et à peu de distance du chemin de fer d'Angoulême à Bordeaux, lieu de la Croix, un témoin de cette formation saillant au milieu du Santonien inférieur, aligné sud-est-nord-ouest, c'est-à-dire dans une direction coupant à peu près à angle droit celle des dépôts crétacés; ce bloc, de plusieurs mètres cubes, paraît bien *in situ* et semble indiquer que, si les strates de l'Angoumien et du Provencien ont livré au dépôt qui nous occupe un passage plus facile et des réservoirs plus étendus, cette extension ne doit pas être considérée comme une preuve de contemporanéité. Enfin, près de Beaumont, dans les calcaires supérieurs du Dordonien, j'ai trouvé un filon vertical, silicéo-ferrugineux, présentant une composition identique à celle des grès et confirmant ainsi l'émission postérieure au crétacé des grès plus abondamment répandus dans l'Angoumien et dans le Provencien. On pourrait voir dans cette formation l'effet d'un phénomène analogue à celui que M. de Lapparent a considéré comme l'une des causes principales de la genèse de l'argile à

silex dans le nord de la France. (*Bull. Soc. géol.*, 3º série, t. XIX,
p. 305 et suiv.)

L'Angoumien supérieur, reconnaissable à ses promontoires
saillants partout où il affleure, a été attaqué aux tranchées de
Chaveroche, partie supérieure; on voit les dernières assises cou-
ronnées par le Provencien, au sommet de la tranchée de Fonchain; on le retrouve près de Larochebeaucourt, au sommet de
la tranchée de la Thébaïde, au Belvédère, au Jardin-Rose et dans
la direction de Mareuil jusqu'à la tranchée de Baïsse où disparaissent ses derniers affleurements : la voie en a coupé les carrières près d'Argentine.

L'Angoumien inférieur et moyen possède quelques ammonites :

Acanthoceras Deveriai.	*Tissotia Galliennei.*
Tissotia, aff. *Fourneli.*	*Primocyclus Fleuriausi.*

La zone de l'Angoumien supérieur exclusivement corallienne
se caractérise par l'abondance de *Radiolites lumbricalis* auxquels
s'associent :

Hippurites inferus Douvillé.	*Sphærulites Ponsianus* d'Orb.
Radiolites angulosus d'Orb.	*Sph. patera* Arn.
Bir. cornupastoris Des M.	*Apricardia Archiaci* d'Orb., etc.

III. — **Provencien,** Coquand.

Le Provencien, comme l'Angoumien supérieur, dans la région
traversée par la voie, est exclusivement coralligène : il paraît
ainsi n'être que la continuation de l'ordre de choses établi lors
de l'avènement de l'Angoumien et pouvoir se rattacher à cet
étage. C'est ce que proposent d'excellents esprits touchés en
outre de cette considération, que la dénomination donnée se
réfère à une assimilation inexacte et de nature à fausser l'idée
des rapports des couches entre le crétacé du sud-ouest et celui
de la Provence. Ces considérations sont-elles décisives au point
de vue de la suppression de l'étage? Quoique le nom imposé par
son créateur soit mal choisi, la constitution du Provencien a été
nettement déterminée par l'indication exacte de ses limites infé-

rieure et supérieure : c'est là le point important en géologie ; la question de nom est essentiellement secondaire ; son impropriété ne saurait suffire pour autoriser une suppression, tout au plus permettrait-elle un changement. De même qu'en paléontologie, le nom d'espèce est acquis par le seul fait de la publication de la description et de la figure, sans que l'on puisse le modifier pour cause d'impropriété ; j'estime qu'il n'en saurait être autrement en matière de détermination d'étage (1). Le seul point à rechercher est donc de savoir si le Provencien est naturellement distinct de l'Angoumien, et ce n'est pas aux caractères minéralogiques, mais à la faune qu'il faut demander la solution.

Les Céphalopodes, il est vrai, sont muets, et pour une bonne raison, c'est qu'il n'existe d'ammonites ni dans l'Angoumien supérieur, ni dans le Provencien, formations essentiellement coralligènes ; mais à défaut d'ammonites, peut-on supprimer les autres éléments de la faune de chacun de ces étages, et si cette faune est coralligène ne sont-ce pas les rudistes qu'il faudra interroger ? Or, à ce point de vue, on constate avec l'avènement du Provencien l'apparition d'espèces jusque-là inconnues. M. Douvillé, auquel la science doit de si belles études sur les rudistes, a nettement constaté la séparation tranchée de l'hippurite angoumien *Hipp. inferus*, et des Hippurites provenciens : *Hippurites Petrocoriensis*, Douv. (*ex cornuvaccinum*) et *Hipp. Moulinsi* d'Hombres Firm. qui ne descendent pas dans l'étage inférieur. Il en est de même des *Plagioptychus* dont les premiers représentants occupent le Provencien inférieur et de nombreuses espèces de sphérulites inconnues dans l'Angoumien.

Les partisans d'une dénomination unique admettent généralement la convenance de désigner l'Angoumien proprement dit sous le nom d'Angoumien inférieur et d'appliquer au Provencien le nom d'Angoumien supérieur : il semble que cette distinction est la meilleure preuve de l'utilité d'une dénomination plus abréviative, suivant les traditions de la nomenclature, et de la conservation du nom de Provencien, comme on a maintenu, sous un nom distinct, malgré l'intimité de leurs liens, les deux éléments successifs du Cénomanien : Rhotomagien et Carentonien.

---

(1) Voy. conf. Douvillé, *Mém. Pal. Soc. géol.*, t. I, Mém. nº 6, p. 17.

Il ne faut pas d'ailleurs perdre de vue que, si dans le nord du bassin les deux étages également coralligènes sont en même temps calcaires, ce qui exclut l'influence qu'il serait possible d'attribuer à un changement de faciès, à mesure qu'on avance vers le Sud et dès qu'on arrive aux bords de la Vézère, la constitution du Provencien change radicalement et justifie ainsi, par un nouvel élément important de comparaison, la division fondée au Nord sur la seule distinction des faunes. Notons à ce point de vue la présence de fossiles qui, dans le Midi, sont attribués à des zones supérieures, tels que : *Lima ovata* (*L. marticensis,* Math.), Röm. *Sphœrulites sinuatus* d'Orb., *Sphœr. Coquandi,* Bayle, etc., — tandis que les hippurites cantonnés dans le Provencien du Sud-Ouest paraissent au Midi envahir les étages supérieurs (1).

Dans la région traversée par la voie, le Provencien inférieur H^1 et le Provencien moyen H^2 sont constitués par des couches de même nature : calcaires lithographiques durs et néanmoins se fendant à la gelée, empâtant une faune de rudistes dont les moules internes peu susceptibles de déterminations rigoureuses peuvent seuls être ordinairement détachés. Exceptionnellement quelques surfaces altérées ont livré des échantillons de *Sph. radiosus.* Près de Larochebeaucourt, tranchée de la Gélie, les bancs supérieurs prennent une texture plus cristalline, homogène et susceptible de fournir une pierre de taille dure et résistante.

Le Provencien supérieur I ne se trahit au sommet de l'étage que par un mince banc de marne grise avec *Sphœrulites Coquandi* de 0^m30 à 0^m40 d'épaisseur.

---

(1) L'étude des travaux les plus récents sur la Craie du Midi me fait penser que le parallélisme proposé entre certaines de ses zones et celles du Sud-Ouest n'est peut-être pas rigoureusement établi : en ce qui concerne le Provencien, je crois qu'il n'a pas été suffisamment tenu compte de la transformation progressive de cet étage du Nord au Midi, transformation visible et palpable dans le Sud-Ouest. C'est par suite de cette transformation, dont l'origine aurait été négligée, que l'on paraît avoir été amené à faire débuter le Sénonien du Midi par les couches qui, dans le Sud-Ouest, constituent le Provencien. (Voy. not. Douvillé, *Bull. Soc. géol.,* 15 février 1892, Compte rendu sommaire, n° 3, p. xviii.) C'est ainsi que certaines espèces rigoureusement cantonnées dans le Provencien du Sud-Ouest *(Codiopsi Arnaudi,* par exemple) ont été, dans le Midi, attribuées au Santonien.

Le Provencien est atteint pour la première fois entre Sers et Rougnac, au sommet de la tranchée de Fonchain ; il s'y présente sous la forme d'un calcaire dur, d'un grain très fin, presque lithographique, en bancs entrelacés tapissés d'une marne jaunâtre, et tranchant par sa stérilité sur les calcaires cristallins perforés de rudistes de l'Angoumien supérieur.

Il disparaît sous les sables tertiaires, à la tranchée des Maines ; il ressort près de Larochebeaucourt, dans la Charente, aux tranchées de Javelle et de la Gélie, et dans la Dordogne, de la tranchée de Baïsse à celle du Coderc.

Le Provencien supérieur n'est apparent qu'à cette dernière tranchée où il couronne l'étage Turonien de d'Orbigny.

La faune spéciale au Provencien est caractérisée par :

Hippurites petrocoriensis Douv. (ex-*cornu vaccinum*).	*Sphærulites radiosus* d'Orb.
Hipp. Moulinsi d'Hombres-Firmas.	*Sph. Sauvagesi* d'Hombres-Firm.
Hipp. resectus? Defr. (ex-*organisans*).	*Sph. sinuatus* d'Orb.
Plagioptychus Arnaudi Douv.	*Sph. Coquandi* Bayle, qui fait dans cet étage sa première apparition.

SENONIEN, d'Orb.

I. — Coniacien, Coquand.

K. Au-dessus de la marne à *Sphærulites Coquandi*, on voit à la tranchée du Coderc se développer :

a. Un calcaire blanc, grenu, subcristallin, en plaquettes très dures, presque sans fossiles : à peine peut-on reconnaître dans la roche quelques empreintes de lamellibranches dont le test a disparu par la fossilisation ; ce système se poursuit avec les mêmes caractères jusqu'au passage à niveau de la Durantie. Un emprunt ouvert à ce point, tranchée des Sablons, fait connaître la modification de sa constitution : les bancs supérieurs à plaquettes y prennent une cohésion qui jusque-là leur avait fait défaut :

b. L'assise qui les termine est compacte, blanche, semicristalline et a été exploitée sur le bord du chemin comme pierre de taille dure sur une épaisseur d'environ 1 mètre.

c. Elle se lie par une transition ménagée à un calcaire jaunâtre, grenu, tendre, fournissant par sa décomposition facile un sable jaune, grossier, qui a donné son nom à la localité où il affleure; puissance variable, de 3 à 4^{m}50.

Ce banc est nettement limité au sommet et sans lien avec la couche suivante :

d. Argile noirâtre, de 0^{m}15 à 0^{m}20.

e. Calcaire noduleux, blanc au cœur de la roche, d'un grain très fin, dur, avec traînées abondantes et entrelacées de glauconie hydratée : c'est la station ordinaire des Céphalopodes du Coniacien inférieur principalement représentés par le genre *Tissotia* Douv., de 4 à 6 mètres.

Les tranchées du Coderc au Sablon sont le seul point où l'on puisse saisir, sur la ligne, la superposition du Coniacien au Provencien.

L^1 *Coniacien moyen.* — Il est attaqué à la tranchée de chez Thevoux : séparé du précédent par un banc schisteux, glauconieux, il est représenté par un calcaire blanc légèrement jaunâtre, compacte, très dur, avec rares débris de coquilles spathiques que leur empâtement rend le plus souvent spécifiquement indéterminables; les ondulations des couches ont, de Mareuil à Verteillac, fait ressortir sur divers points cette roche que son homogénéité et sa dureté suffisent pour faire distinguer au premier coup d'œil; sur les parties ravinées on reconnaît :

Actæonella crassa, d'Orb.; *Lima granulata*, Duj.; *Rhynchonella expansa*, Coq.; *Terebratulina echinulata*, d'Orb.; *Cyphosoma Ameliæ*, Cott.; *Cidaris Jouannetti*, Des M.; *Orthopsis miliaris*, Cott.; *Cardiaster transversus*, Cott.; *Pentacrinus carinatus*, Röm., etc., etc.

L^2 Des calcaires schistoïdes, jaunâtres ou verdâtres, plus ou moins arénacés et piqués de glauconie, leur succèdent : ils affleurent à la gare de Mareuil et se suivent avec des ondulations irrégulières jusqu'à la tranchée de Farges, près de la station de Verteillac : on y trouve en abondance l'*Exogyra plicifera*, Duj. (*auricularis*, Brongn.) avec *Spondylus truncatus*, Goldf.; *Arca sagittata*, d'Orb.; *Arca santonensis*, d'Orb.; *Cardium coniacum*, d'Orb.; *Trigonia inornata*, d'Orb.; *Janira tricostata*, Per.; *J. quadricostata*, d'Orb.; *Trigonia limbata*, d'Orb.; *Pleurotomaria Marroti*, Coq.; *Rhynchonella Baugasi*, d'Orb.; *Rh. vespertilio*, Brocch.; *Terebratulina echinulata*, d'Orb.; *Micraster brevis*, var. *Turonen-*

sis, Des.; *Hemiaster stella (angustipneustes)*, Des.; *Pentacrinus carinatus*, Röm., etc.

Deux affleurements coniaciens se montrent entre Dignac et Larochebeaucourt : l'un dans sa position normale, tranchée du Repaire, près de Rougnac ; le second, par suite d'une fracture qui en a fait affaisser un lambeau en placage contre le Provencien, au début de la tranchée de Javelle : ils n'offrent sur ces deux points aucune particularité digne d'être signalée.

M. de Grossouvre a reconnu dans le Coniacien du Sud-Ouest les cépholopodes suivants :

Tissotia Haplophylla Redt.	*M. Boutandi* de Gross.
T. Ewaldi de Buch.	*Mortoniceras Texanum* Rom.
T. Haberfellneri V. Haüer.	*Gauthiericeras Margæ* Schl.
T. Nanclasi de Gross.	*G. Bajuvaricum* Redt.
T. Robini Tholl.	*Peroniceras Moureli* de Gross.
T. Boreaui de Gross.	*P. tricarinatum* d'Orb.
T. Boisselieri de Gross.	*P. tridorsalum* Schl.
T. Sequens de Gross.	*Placenticeras Fristchi* de Gross.
T. Engolismensis de Gross.	*Pachyliscus Ponsianus* de Gross.
Mortoniceras serrato marginatum	*Scaphites Lamberti* de Gross.
Redt.	*Sc. Meslei* de Gross
M. Desmondi de Gross.	*Sc. Arnaudi* de Gross.
M. Bourgeoisi d'Orb.	

II. — Santonien, Coquand.

Coquand a très exactement fixé les limites du Santonien en expliquant (*Descript. de la Charente*, t. I, p. 427) « qu'il s'étend
» sur toute la plaine qu'on traverse depuis les bords de la Cha-
» rente, près de Cognac, jusqu'à la base des coteaux qui, à partir
» des Gimeux, Genté, Salles et Segonzac, dessinent un bourrelet
» saillant parallèle aux dernières rides de la Craie inférieure et
» connue sous le nom de Grande Champagne. »

Cet ensemble est susceptible de se diviser en trois branches :

$M^1 M^2$ Santonien inférieur ;

N^1 Santonien moyen ;

N^2 Santonien supérieur.

N^1 constitué par un banc à *O. vesicularis*, qui se poursuit sans interruption dans toute l'étendue du bassin, fournit un repère précieux qui permet de se reconnaître facilement au milieu des roches parfois très semblables et faciles à confondre des deux autres zones du Santonien.

M^1 débute par un calcaire blanchâtre, tendre, marneux et plus ou moins gélif, avec un banc à *Micraster brevis* (*M. turonensis*). C'est avec ces caractères et cette faune qu'on le rencontre, par suite d'un affaissement des couches, entre les stations de Mareuil et de la Tour-Blanche, tranchée de Larat : il y recèle en outre : *Ammonites (placenticeras) syrtalis, Spondylus santonensis, Mitylus divaricatus, Sphœrulites Coquandi, Rhynchonella deformis, Rh. vespertilio, Rh. Eudesi, Terebratula coniacensis, Micraster laxoporus, Cyphosoma magnificum, Salenia Bourgeoisi,* etc.

Au-delà de Larat, le relèvement des couches ne permet plus de le retrouver que près de la gare de Verteillac, d'abord à la tranchée du Bost-Noir où un lambeau de l'étage a glissé et se trouve pincé entre deux murailles coniaciennes, puis aux tranchées du Repaire et de Beausoleil; on voit à la tranchée du Repaire la superposition directe du Santonien au Coniacien : *Micraster turonensis* abonde à ce niveau; la tranchée de Beausoleil est ouverte dans un calcaire noduleux, plus résistant quoique gélif, piqué de glauconie, avec *Mycraster laxoporas, Cyphosoma magnificum, Hemiaster nasutulus,* spongiaires et nombreux bryozoaires.

C'est dans ce banc, M^1, qu'a été ouverte la grande tranchée de la Forge, gare de Rougnac; comme le recouvrement direct du Coniacien s'y trouve masqué, il m'a paru préférable de signaler en premier lieu les tranchées du Repaire, de Beausoleil et de Larat où l'ordre de succession peut être l'objet d'une observation directe. C'est dans les mêmes bancs que j'ai recueilli à Cognac *Amm. Texanus* et deux exemplaires d'un échinide qui ne paraît pas pouvoir se distinguer de *Epiaster brevis,* Schlut., constatation importante au point de vue du niveau corrélatif qu'il convient d'attribuer dans le crétacé du Nord aux couches à *Epiaster brevis.*

M^2 Calcaire dur, noduleux, jaunâtre, station de *Botryopygus Nanclasi,* n'affleure qu'à la petite tranchée sans nom qui précède immédiatement celle de Lavaure, entre Rougnac et Larochebeaucourt.

N^1 Santonien moyen, a été attaqué à Lavaure entre Rougnac et Larochebeaucourt : c'est un calcaire bleuâtre, gélif, pétri d'O.

vesicularis avec *Terebratula coniacensis*, *Rhynchonella Boreaui*, *Hemiaster nasutulus*, *Cyphosoma Cotteaui*, *C. magnificum*, *Salenia scutigera*, *S. trigonata*, etc.

On ne retrouve plus cette assise en se dirigeant vers Verteillac : les fondations de la maisonnette du passage à niveau voisin de la station en ont révélé l'existence dans le sous-sol.

N² Santonien supérieur, visible à Rougnac, en dehors de la voie, ne se montre en tranchée qu'à la station de Verteillac, avant la grande tranchée de Pétigne : il y revêt des caractères extérieurs très voisins de ceux de M¹ tranchée de Beausoleil, dont il paraîtrait la continuation si l'interposition du banc à *O. vesicularis* et la présence de *Clypeolampas ovum* ne prévenait la confusion.

Amm. (*Mortoniceras*) *Texanus* ne paraît pas franchir le Santonien inférieur.

Amm. (*Placenticeras*) *Syrtalis* occupe l'étage de la base au sommet.

Le Santonien est une formation coralligène caractérisée par de nombreux rudistes ; j'ai recueilli dans M¹ et M² :

Hippurites sarthacensis Coq.	*Sphærulites Coquandi* Bayle.
H. nov. sp.	*Monopleura Marticensis* Math.
Radiolites Mauldei Coq.	*M.* (*Sulcata*) n. sp.
Rad. fissicostatus d'Orb.	

dans N¹ et N² :

Hippurites dilatatus.	*Sph. Höninghausi* Des M.
H. Toucasi d'Orb.	*Sph. patera* Arn.
H. corbaricus Douv.	*Radiolites Mauldei* Coq.
H. bioculatus.	*Rad. ingens* Des M.
Sphærulites Coquandi Bayle.	*Toucasia Toucasi*.

et dans les bancs les plus élevés : *Hipp.* (*Arnaudia*) *Arnaudi* Coq.

III. — **Campanien,** Coquand.

Le Santonien supérieur passe graduellement à des calcaires marneux blancs ou gris-jaunâtres, en bancs peu épais, alternant avec des cordons de spongiaires siliceux, que l'on voit faire leur première apparition à la grande tranchée de Pétigne (Verteillac-

Ribérac) et qui, de là, se poursuivent sans interruption jusqu'à la tranchée de Richaren (Ribérac-Siorac) où ils cèdent définitivement la place au Dordonien.

La faune de ces couches, dans la région traversée par la voie, est peu abondante et représentée par de rares individus ; il convient toutefois d'excepter l'*Exog. Matheroniana* disséminée à tous les niveaux de l'étage ; parmi les autres fossiles dont la présence a été reconnue dans les tranchées de la voie on peut citer :

Ammonites (placenticeras) bidorsatus.	*Salenia scutigera.*
A. (Mortoniceras) Campaniensis.	*Cyphosoma Des Moulinsi.*
Scaphites aquisgranensis.	*C. Arnaudi.*
Baculites anceps.	*Holectypus turonensis.*
Ostræa semiplana.	*Micraster laxoporus.*
Vulsella Turonensis.	*Cardiaster granulosus.*
Rhynchonella Boreaui.	*Hemiaster nasutulus.*
Cidaris subvesiculosa.	*H. ligeriensis.*
	H. excavatus.

Les rudistes sont une rare exception dans le Campanien ; on n'y trouve que *Hipp. (Arnaudia) Arnaudi, Sphærulites Coquandi,* et dans les bancs supérieurs *Radiolites royanus.*

M. de Grossouvre a reconnu dans le Campanien :

P¹ Campanien inférieur :

Placenticeras bidorsatum.	*Scaphites binodosus.*
Puzosia Dulmensis.	*Sc. aquisgranensis.*
Pachydiscus : 3 n. sp.	*Sc. hippocrepis.*

P² Campanien moyen :

Gonioteuthis quadrata.	*Mortoniceras campaniense.*

P³ Campanien supérieur :

Sonneratia Vari (=*A. Marroti,* Coq.)	*P.* aff. *colligatus.*
S. Rejaudryi.	*Scaphites Gibbus.*
S. rara.	*Sc. constrictus.*
Pachydiscus aff. *neubergicus.*	

DANIEN, Desor.

Dordonien, Coquand.

Au-dessus du **Campanien** dont les dernières assises se signalent par l'abondance relative des Céphalopodes et des Échinides, prennent naissance dans le Sud-Ouest des couches non moins différentes par leur constitution que par leur faune. Coquand qui les avait plutôt devinées que connues, en a constitué un étage supérieur auquel il a donné le nom de Dordonien.

Le parallélisme de ces couches avec celles de Maëstricht est depuis longtemps reconnu, et les noms de Maëstrichtien et Dordonien admis comme synonymes.

A quelle série convient-il de les rattacher?

Elles sont généralement considérées comme devant être réunies au Danien de Desor auxquels elles viendraient adjoindre un membre inférieur.

M. de Grossouvre, dans des travaux récents (*Comptes rendus Ac. des Sc.,* 9 mars 1891), pense au contraire que le Maëstrichtien doit être rattaché à la Craie blanche de Meudon dont il ne se distingue que par ses conditions particulières de dépôt littoral. Il est fort probable, dit-il, que « le tuffeau de Maëstricht correspond au moins en partie au sommet de la Craie blanche de Meudon ».

L'examen attentif du Maëstrichtien dans le Sud-Ouest (Dordonien) laisse naître des doutes sur l'exactitude de cette assimilation.

Si l'on prend pour terme de comparaison la zone à *Belemnitella quadrata,* base du Campanien moyen, on constate, dans les couches du Campanien supérieur, le développement d'une faune de Céphalopodes particuliers dont l'apparition ne permet pas la confusion avec l'horizon précédent. A quoi correspond ce niveau dans le bassin parisien? Est-il synchronique des dernières couches de la Craie de Meudon? ou doit-il être rapporté à un horizon inférieur? Si nous interrogeons la faune de Meudon, nous voyons qu'elle est caractérisée, *dans les couches les plus élevées,* par la présence de *Micraster Brongniarti;* or, cet échinide, d'après la détermination qu'en a bien voulu faire M. Gauthier, occupe dans le Sud-Ouest une position identique : il se trouve à Caillau-Talmont dans les assises supérieures du Campanien où il avait été par erreur primitivement rapporté à *M. Glyphus*. Nous trouvons ainsi un point de repère précieux et la démonstration que ce n'est pas à une simple question de faciès, variable suivant les conditions du dépôt, qu'il convient de rapporter la différence de faune et de constitution qui distinguait le Maëstrichtien de la Craie de Meudon : on est bien en présence d'un dépôt supérieur ; à quoi doit-il être rattaché ?

Qu'il y ait dans la première zone, dans la partie inférieure du Dordonien, un enchaînement de faunes assez étroit pour faire illusion : que l'on y reconnaisse le passage de plusieurs espèces Campaniennes, comme on peut constater dans le Campanien supérieur l'apparition anticipée de quelques types Dordoniens, c'est là un fait qui se produit partout où il n'y a pas eu lacune dans les dépôts et où l'évolution s'est normalement produite ; la paléontologie fournit une preuve de ce vieil adage : *natura non facit saltum ;* mais on ne peut contester que l'ensemble de la faune accuse des caractères différents et que, même en dehors des types que peut influencer la modification du facies tels que les rudistes, on trouve, dès la base du Dordonien, des formes manifestement plus jeunes et plus voisines des formes tertiaires que celles du Campanien ; cette aurore d'un nouvel étage, si je puis m'exprimer ainsi, se développe et s'éclaire à mesure que l'on s'élève dans la série, mais avec un lien non interrompu dès la base, et l'on arrive, dès le Dordonien moyen, à la constatation de types qui impriment à la faune la plus frappante analogie avec celle du Tertiaire inférieur : de sorte que si le Garumnien au Sud, le Danien de Desor au Nord n'étaient pas connus, on se croirait certainement à la zone de passage du crétacé au tertiaire. Le Garumnien d'une part, le Danien de Faxoë et de Saltholm de l'autre, sont-ils des modifications latérales du Dordonien supérieur tel que nous le possédons dans le Sud-Ouest, ou font-ils défaut dans notre bassin par suite d'une émersion anticipée laissant subsister entre le crétacé et le tertiaire une lacune correspondant à leur dépôt ? C'est une question que je me borne à poser, les éléments de solution ne me paraissant pas actuellement assez nombreux ni assez sûrs pour permettre de l'étudier complètement et par suite de la résoudre ; mais quelle que soit la solution adoptée, elle devra nécessairement procéder des mêmes principes qui auront été appliqués pour le classement des couches plus anciennes. Il faut d'ailleurs reconnaître que, si la constitution du tuffeau de Maëstricht n'était que la traduction de phénomènes littoraux, accidentels, tandis que le type des dépôts contemporains résiderait à Meudon, on s'expliquerait difficilement l'extension de cet accident, avec des caractères identiques, de Maëstricht au Sud-Ouest, à l'Espagne, à la Haute-Garonne, à l'Isère, à la Crimée, à l'Asie-Mineure, etc.

J'estime donc que l'autonomie du Dordonien doit être respectée, qu'il constitue un étage bien distinct dans notre crétacé et que c'est au Danien qu'il doit être rattaché.

Q. *Dordonien inférieur*.

Le Dordonien inférieur est atteint pour la première fois sur la voie, au-dessus du Campanien, entre Ribérac et Siorac, au passage à niveau 165, vers la cote 125 mètres, entre les tranchées de la Gaudinie et de Richaren : l'aspect du sol trahit au premier coup d'œil le changement d'étage ; les dernières couches campaniennes peu résistantes ont été nivelées, tandis que le Dordonien commence immédiatement à dresser ses calcaires plus solides partout où il affleure : c'est avec ces caractères que, si du passage à niveau de Richaren on tourne ses regards vers l'Est, on voit les carrières du Dordonien inférieur dessiner, à deux ou trois kilomètres, leur relief au-dessus de la plaine émoussée qui termine le Campanien.

Si la coloration des roches peut, à distance, faire illusion sur la nature de l'étage, un examen attentif ne tarde pas à prévenir la confusion : le Campanien supérieur d'une teinte plus grise, d'un grain fin, fusant à la gelée, souvent piqué de glauconie anhydre, est traversé de cordons siliceux plus résistants dont les nodules portent souvent au centre une tache ferrugineuse : le Dordonien inférieur, quoique gélif, est plus blanc, d'une texture plus grenue, plus uniforme et finit bientôt par résister aux dégradations atmosphériques sur les points où il s'y trouve exposé.

C'est avec ces caractères qu'il se présente à Richaren et qu'il se poursuit jusqu'à la tranchée de Pouyou : à Pouyou une fracture, peu importante d'ailleurs, a fait infléchir synclinalement les couches qui se rapprochent ainsi du Dordonien moyen : celui-ci se trahit par des fossiles siliceux, sous les argiles tertiaires, à la base de la tranchée de Barra.

La tranchée de début du Dordonien, dans la partie la plus rapprochée du passage à niveau donne, par l'emprunt ouvert sur la gauche de la voie, une bonne coupe du Dordonien inférieur ; on y remarque de bas en haut :

1. A la base, banc solide à spongiaires : indéterminé.
2. Calcaire blanc, tendre, gélif............................... 2^{m}50
3. Banc plus solide à *O. vesicularis*......................... 2 40
4. Banc sableux, jaunâtre, entre deux assises marneuses...... 2 60
5. Calcaire tendre, gélif, sableux au sommet................. 1 50
6. Calcaire noduleux, jaunâtre, probablement coloré par le
    contact des argiles tertiaires............................. 3 »
                                                 12^m »

Quand, après avoir franchi le faîte de Siorac, on descend vers Mussidan, on retrouve entre Beauronne et la halte du Sol-Vieux, tranchée de Boissonnie, à la cote 62, le Dordonien inférieur que l'on atteint alors par ses couches les plus élevées, en contact avec le Dordonien moyen. Le profil montre que le refoulement de Mareuil-Verteillac a provoqué le plissement qui appelle au jour le Dordonien inférieur et se continue par la vallée synclinale dans laquelle coule la rivière de l'Isle.

Les tranchées de Sol-Vieux et de la Ferrantie attestent la constance des caractères de cette zone : à la base un dépôt assez puissant de spongiaires siliceux, puis des bancs alternativement marneux et plus solides, traversés par des cordons d'*O. vesicularis* : vers le haut (tranchées de Faye et de Boissonnie), le Dordonien inférieur admet une constitution plus siliceuse, une teinte jaune ou légèrement rougeâtre, et passe par des alternances friables et solides aux calcaires jaunes durs du Dordonien moyen. La pression qui, en relevant les bords du pli synclinal de la vallée de l'Isle, a fait ressortir le Dordonien inférieur entre Beauronne et Sol-Vieux, le fait reparaître par une dernière ride, de l'autre côté de l'Isle, à Issac, entre les tranchées de Peyrifol et de Lespinasse, cotes 68 à 88.

La faune du Dordonien inférieur est relativement riche :

Nautilus Dekayi.	*Venus (Tapes) royana.*
Pachydiscus colligatus.	*Pholadomya elliptica.*
P. nov. sp.	*Rhynchonella vesicularis.*
Baculites anceps.	*Walaheimia Clementi.*
Turrilites Archiaci.	*Hippurites Espaillaci.*
Scaphites pulcherrimus.	*Sphærulites alatus.*
Turritella sinistrorsa.	*Sph. Höninghausi.*
Nerinea bisulcata.	*Radiolites royanus.*
Avellana royana.	*R. fissicostatus (ingens).*
Nerita rugosa.	*Pyrina flava.*
Lima maxima.	*Cyphosoma Verneuilli*
L. obsoleta.	*C. Sœmanni.*
L. Marroti.	*Temnocidaris Baylei*, etc.

C'est à la tranchée de Cluzeau qu'a été recueilli l'exemplaire de *Pyrina flava* pourvu de ses plaques buccales, que M. Cotteau a décrit et figuré (*Échinides nouveaux ou peu connus*, 1890, p. 137, pl. XVII, fig. 6-7).

R. *Dordonien moyen.*

Le Dordonien moyen se trahit généralement de loin par la coloration jaune, quelquefois rougeâtre, de ses calcaires : au début il alterne avec les dernières couches du Dordonien inférieur par des assises plus solides au sein desquelles les fossiles sont souvent dégagés par la dissolution du calcaire qui les enveloppe et laissés sur place à l'état siliceux : c'est ainsi qu'on les rencontre fréquemment en montant vers Siorac, aux tranchées de Pouyou et de Barra et à Gammareix, près de Lagudal.

Sur quelques points la roche est d'un blanc plus ou moins pur: elle se montre avec cette coloration exceptionnelle près de Maurens, au niveau de la pierre de taille : la station classique du Maine blanc dans la Charente en indique par son nom et par la réalité un autre exemple.

C'est un peu en deçà de la station de Siorac que la zone de transition du Dordonien inférieur au Dordonien moyen est atteinte : ses premières couches sont blanches comme les précédentes ; mais l'élément siliceux qui domine indique déjà le début de la transformation : de nombreux rudistes silicifiés, *Sphœrulites Hönighausi*, *Sph. alatus*, *Sph. Sœmanni* émergent de la roche ; j'ai recueilli à ce niveau une très belle dent de Saurien, *Leiodon anceps*, Mantell, un Cérithe admirablement conservé avec son test silicifié et une grande abondance de cyclolites.

Au revers du coteau, au-delà de la station, les calcaires jaunes, altérés, des zones supérieures, apparaissent au fond des vallées, près des Girardières et de la station de Saint-Vincent-de-Connezac : ils se dégagent définitivement à la Veyssière du manteau tertiaire qui les recouvrait depuis Siorac et se poursuivent sans interruption jusqu'à la tranchée de Boissonnie où ils cèdent, sur la voie, la place au Dordonien inférieur.

Dans ce parcours les roches jaunes, généralement dures et stériles, n'admettent que par exception de minces bancs marneux presque toujours sans fossiles. Les carrières ouvertes autour de Beauronne exploitent pour moellon les bancs inférieurs, extrêmement durs, où ne se montrent que par exception quelques empreintes de fossiles spathiques.

A la jonction du Dordonien inférieur, près de Boissonnie, les assises de contact ont livré : *Faujasia longa*, *Hemiaster Moulinsanus*, *Pecten Dujardini*, *Ostrœa conirostris*, *Cyclolites Hemisphœrica*, etc.

En s'engageant dans la vallée de l'Isle, la voie coupe successivement des bancs de plus en plus élevés.

A Beaufort, des calcaires tendres, d'un blanc jaunâtre, anciennement exploités pour pierre de taille : c'est dans le toit de ces carrières qu'a été recueilli un grand *Hemipneustes* voisin de *H. Delettrei* Coq.

Plus loin, en se dirigeant vers Saint-Front-de-Pradoux, des calcaires noduleux tantôt ramifiés, tantôt en bancs lenticulaires, cristallins, séparés par des marnes friables, avec *Cyclolites elliptica*, *C. hemisphœrica*, *Hemiaster nasutulus*, *H. Moulinsanus*, *Rhynchopygus Marmini*, *Ostrœa frons*, *O. conirostris*, etc.

Près du bourg, des calcaires tendres avec nodules siliceux : *Faujasia Faujasi*.

Et au bord de l'Isle : *Hemiaster prunella*.

La série inverse se suit sur la voie au-delà de Mussidan, dans la vallée de la Crempse, à partir de la tranchée du Maine ; on y retrouve au début les calcaires noduleux du sommet que, sur la rive gauche de l'Isle, la route de Mussidan à Sourzac a entaillés sur une grande hauteur. Ces mêmes calcaires, profondément cariés, se dressent en falaises près de Bourgnac, sur la rive droite de la Crempse.

Au-delà de Bourgnac, l'élément siliceux reprend la prédominance et donne naissance à des roches extrêmement dures, d'abord compactes avec fossiles siliceux (*cyclolites*, etc.), tranchée de Bourgnac; plus loin noduleuses avec *Rhynchopygus Marmini, Faujasia longa, Hippurites radiosus*, tranchée de Peyrifol; enfin, vers la base, aux alternances déjà constatées au point de contact avec le Dordonien inférieur, tranchées de Fontmoure et de Montréal.

Entre Issac et Lagudal, les calcaires d'un jaune rougeâtre se divisent en plaquettes cristallines, plus ou moins épaisses, raboteuses et fournissant de bons moellons : ils occupent presque la totalité de l'étage et ne sont que rarement interrompus par quelques feuillets altérables à *O. vesicularis*. Dans les bancs calcaires supérieurs on trouve enchassés quelques rognons blanchâtres, sans lien avec la roche encaissante, branlant dans leurs alvéoles et présentant un aspect différent de celui des silex crétacés. Ces nodules ont été analysés par M. L'Hote qui a bien voulu me prêter le concours de sa grande expérience : « C'est, dit-il, une roche » peu calcaire, le résidu est exclusivement formé de sable et » d'argile; pas d'acide phosphorique en quantité appréciable ».

Vers le sommet, les calcaires jaunes, durs, alternant avec des zones sableuses que nous verrons prédominer au revers du coteau, aux environs de Maurens : ils recèlent des polypiers et des rudistes siliceux : *Hipp. radiosus, Sphær. alatus, Sphær. Höninghausi*, etc.

Après avoir franchi la crête de Lagudal, la voie s'engage dans le versant de la Dordogne avec une pente de 0,015 : elle ne rejoint toutefois le crétacé qu'à la cote 110 mètres, à 600 mètres environ en deçà de la gare de Maurens.

Le Dordonien atteint à la grande tranchée du Vignoble montre, sous le couronnement tertiaire qui le domine, les profonds effets de l'érosion qu'il a subie : la roche en a été altérée; les éléments les plus sensibles y sont devenus friables et farineux : les parties plus résistantes, disséminées en lentilles irrégulières noyées dans des zones sableuses, tendres, ou en calcaires perforés de tubulures ramifiées : la roche est jaune, en bancs tantôt gélifs, tantôt plus solides, et descend, avec les mêmes caractères, mais avec une teinte plus blanche, jusqu'au fond de la vallée qui sépare la gare de la ville sur une profondeur de 35 à 40 mètres. Un vaste emprunt attaqué près de la tranchée du Vignoble, sur le bord de la route, permet de prendre une parfaite connaissance de ces assises peu fossilifères que je désignerai par la lettre a.

Quelque rapide que soit la pente de la voie, celle des couches crétacées est plus forte encore et la tranchée de Rouquet montre, en descendant au Sud, des assises de plus en plus élevées.

Le croquis ci-après donnera une idée de l'allure des couches dans leur dernière apparition comprise entre la calotte tertiaire de Lagudal et les dépôts de recouvrement définitif à la tranchée de Bardicalet.

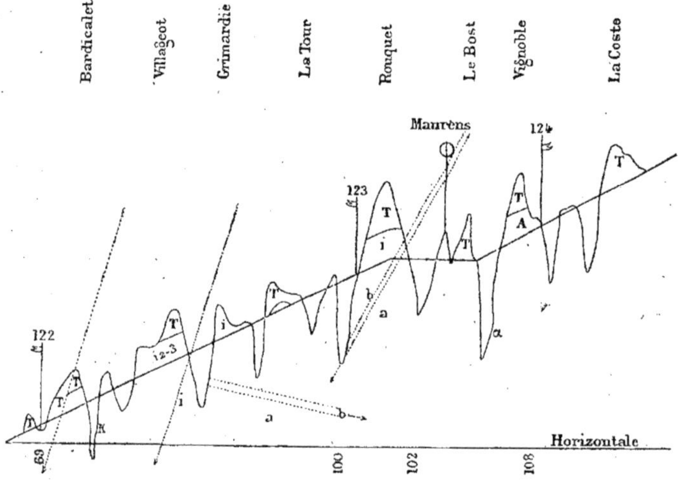

Au-dessus des bancs sableux (a) ci-dessus indiqués, on exploite, des deux côtés de la vallée, sur une épaisseur d'environ 2 mètres, un calcaire blanc, tendre, sans fossiles (b), qui fournit la pierre de taille de la région ; attaqué extérieurement à la voie, au début et à gauche de la tranchée de Rouquet, dans le coteau qui fait face à Maurens, ce banc s'infléchit assez rapidement pour atteindre, à l'autre extrémité de la tranchée, le fond de la petite vallée perpendiculaire au chemin de fer où il est également exploité.

Les fronts d'abattage des carrières montrent la composition des couches qui le surmontent.

Première carrière à gauche et en dehors de la voie derrière la tranchée de Rouquet :

b. Pierre de taille blanche, tendre, exploitée souterrainement sans fossiles.. 2^m »

c. Calcaire jaunâtre, d'un grain régulier, perforé de tubulures 1 90

d. Calcaire blanc, dur, de consistance variable : *Sphœr. alatus*, *Lapeirousia Jouannetti*, *Radiolites royanus*, etc................. 1 »

e. Banc lumachellaire, pétri de moules de fossiles, gastropodes, lamellibranches, rudistes, notamment un *Cardium* intustrié abondant... » 70

f. Sable calcarifère, gris verdâtre, séparé du banc précédent par un banc siliceux de 0^m40...................................... » 85

g. Calcaire tendre, gris clair, schistoïde..................... » 25

6^m70

En suivant la route de Bergerac on trouve un peu plus loin, dans le même coteau, une exploitation plus importante :

b. Calcaire pierre de taille exploité souterrainement........ 2^m »

c. Banc ferrugineux ; lumachelle de fossiles dordoniens..... » 20

d. Calcaire arénacé, irrégulier, tendre, altérable........... 2 »

e. Banc plus solide, d'un grain plus serré, dont l'exploitation pour pierre dure a été tentée................................... » 60

e[bis]. Banc lumachellaire peu épais passant à :

f. Zones sableuses, glauconieuses, entrelacées, avec quelques nerfs irréguliers plus solides.. .... 3 »

7^m80

Le coteau est criblé de carrières souterraines ouvertes de *b* à *e* ; une ancienne carrière à ciel ouvert abandonnée montre que l'exploitation a été tentée à trois niveaux différents.

La carrière ouverte au pied du remblai touchant le passage à niveau 123, fin de la tranchée de Rouquet, permet d'atteindre les couches supérieures dans le flanc du coteau; on y reconnaît :

b. Pierre de taille blanche, exploitée, sans fossiles........... 2^m »

c. Banc arénacé, jaunâtre, sans fossiles..................... 1 20

d. e. Calcaire dur, pétri de moules de fossiles : formation lumachellaire en deux bancs, l'un de 1^{m}50, l'autre de 0^{m}70, passant à.. 2 20

f. Banc sableux, calcarifère, avec lentilles noyées dans un sable friable...... .... 1 50

g. Calcaire grenu, jaune, arénacé, solide, affleurant au bord du chemin desservi par le passage à niveau................... 1 »

h. Bancs grisâtres, tendres, arénacés, glauconieux, exploités souterrainement dans le bois de pins et fournissant une pierre de taille facilement altérable; nombreux fossiles : *Heteroceras polyplocum, Nerita rugosa, Thecidæa papillata, Stylotrochus* aff. *armatus, Orbitolites socialis, Gensacica*, etc.; couche atteinte à la tranchée du Rouquet qui a fourni en outre : *Baculites anceps, Crania Parisiensis, Pycnodus cretaceus*, etc........... .... 3 50

——————

11 40

Près de Maurens, un dernier affleurement crétacé au bord de la route, la carrière de Saint-Roch, donne au-dessus des bancs sableux inférieurs *a*, la coupe suivante :

b. Calcaire blanc, tendre, passant supérieurement à un calcaire blanc, semicristallin, d'un grain fin, très dur, fournissant des dalles et exploité sur.... .... 2^m »

Dans le banc supérieur, j'ai trouvé une ammonite déterminée par M. de Grossouvre, comme *Sphenodiscus Ubaghsi*.

c. Toit glauconieux.. .... » 40

d. e. Calcaire lumachellaire avec *Hippurites radiosus, Lapeirousia Jouannetti, Sphær. alatus, Monopleura* sp., riche faune de gastropodes et de lamellibranches............................ 1 50

f. Banc sableux visible sur.. .... 0 60

——————

4^{m}50

J'ai indiqué dans les coupes précédentes deux fossiles sur lesquels je dois faire quelques observations :

Nerita rugosa a livré deux individus complets, montrant l'ouverture buccale dégagée et la columelle ornée de ses plis. C'est la première fois que je trouve ce fossile dans un pareil état de conservation : le test est couvert de rides ou mieux de cordelettes parallèles à l'ouverture buccale, entières sur tout le parcours, comme l'indiquent les figures 1, 2, 3 d'*Otostoma Tchihatcheffi* et d'*Otostoma ponticum* d'Archiac (*Bull. Soc. géol.*, 2ᵉ série, t. XVI, pl. XIX). La région columellaire s'élève et se développe beaucoup plus dans les exemplaires de Maurens que dans les figures précitées; elle restreint l'ouverture buccale à une forme semilunaire par suite de la conservation exceptionnelle de la partie vitreuse du test : c'est évidemment à la disparition par fossilisation de cette partie vitreuse qu'est due la plus grande ouverture apparente des *Otostoma* et l'absence des dents que l'on voit sur *Nerita rugosa ;* en effet, sur les points du bassin où le test de ses coquilles a été entièrement dissous et où le moule a subsisté, partout où la roche a conservé une solidité suffisante, on trouve ces dents nettement imprimées sur le moule.

La description d'*Otostoma ponticum* d'Archiac est terminée par une indication de la faune qui, en Asie Mineure, accompagne ce gastropode et qui est identique à celle de Maurens.

J'estime comme M. Peron, que le genre *Otostoma* ne saurait être maintenu et que les descriptions d'Archiac (*Bull. Soc. géol.*, 2ᵉ série, t. XVI, p. 873 et suiv.) s'appliquent à des individus incomplets de *Nerita rugosa*.

Thecidea papillata. Les Thécidées n'avaient pas, jusqu'à ce jour, été indiquées dans le Sud-Ouest. *Th. papillata* n'est pas rare dans les couches supérieures de Maurens : elle y est accompagnée par *Waldheimia Clementi, Rhynchonella vesicularis* (de petite taille), *Crania parisiensis, Terebratella santonensis,* c'est-à-dire par la faune de brachiopodes du Dordonien.

Il existe deux autres espèces de Thécidées dans le crétacé du Sud-Ouest

L'une de petite taille, toujours adhérente, a été trouvée attachée à un test de *Caprina adversa* dans les grès inférieurs du Carentonien d'Angoulême, à Rochine — c'est *Th. rugosa* du Mans.

L'autre également de petite taille, lisse et adhérente, habite le Campanien supérieur de Talmont et le Dordonien moyen du Maine blanc où elle se fixe aux rudistes.

Enfin un autre brachiopode inconnu jusqu'ici dans le Sud-

Ouest, *Crania parisiensis*, a été également recueilli dans les bancs supérieurs de Maurens : il fait sa première apparition dans le Campanien supérieur où notre confrère, M. Boreau, l'a recueilli à Talmont.

Un pli anticlinal très accentué et dont l'axe passe entre les tranchées de Grimardie et du Villageot, ramène en dehors et au-dessus du niveau de la voie les couches signalées ; en remontant de la route de Bergerac vers le chemin de fer par la petite vallée qui sépare les tranchées de Grimardie et de Villageot, on trouve un emprunt qui présente la coupe suivante :

c. Calcaire sableux, jaune, lenticulaire, en nodules empâtés de zones friables, sans fossiles... 4ᵐ »

d. Marne blanche, gélive, sans fossiles..................... » 50

e. Calcaire lumachellaire en corniche................... » 65

f. Marne arénacée, sans fossiles........................... 1 10

*f*ᵇⁱˢ. Banc arénacé jaunâtre, passant supérieurement à la tranchée de Grimardie.

GRIMARDIE.

g. Calcaire dur, noduleux, arénacé, gris ou jaunâtre, en deux bancs séparés par une zone marneuse de 0ᵐ40 ; puissance totale   2 50
Cyclolites hemisphærica, Orthopsis miliaris, Cyphosoma Verneuilli, Rhynchopygus Marmini, etc.

h. Marne friable sableuse, à *Thécidées* et *Nerita rugosa* ...... » 80

i. Calcaire noduleux dur, roux, arénacé, en fragments, sans fossiles... » 40

9ᵐ55

A partir de ce point, les tranchées du Villageot et de Bardicalet montrent la succession régulière des dernières couches de la craie jusqu'à sa disparition sous les argiles tertiaires, un peu avant le passage à niveau 122.

Le calcaire roux, arénacé, de la coupe précédente, représente la base de la tranchée de Villageot.

VILLAGEOT.

*i*ᵇⁱˢ. Calcaire jaune, arénacé, grossier, résistant difficilement à la gelée : *Sphærulites alatus, Radiolites royanus, Ostræa conirostris*   2ᵐ40
*i*ᵗᵉʳ. Calcaire grisâtre, schistoïde, gélif : *Goniopygus royanus* ..   3 »

A reporter 5 40

Report............ 5^m40

BARDICALET.

Un chemin inférieur (Langeas à Aillac) fait affleurer les couches immédiatement supérieures à celles de la tranchée précédente :

k. Calcaire gris, marneux et sableux, friable avec quelques zones solides.. 1 60

l. Calcaire gris, arénacé, noduleux, pétri de moules de fossiles dordoniens : *Nerita rugosa, Thecidæa radiata, Rhynchonella vesicularis, Waldheimia Clementi*, etc.................................... 2 80

m. Calcaire gris, plus friable, avec *Ostræa larva, O. frons., Exog. caderensis*... 2 »

On atteint ainsi le niveau de la voie et l'on trouve à la dernière tranchée :

n. Sable gris, micacé, calcarifère, avec quelques nerfs calcaires plus solides, rempli d'orbitolites ; les filets calcaires, riches en fossiles dordoniens ; couronné par :

o. Calcaire roux, siliceux, en petits fragments, avec grandes *O. vesicularis* biauriculées, *O. larva, Exogyra caderensis, Hemiaster nasutulus, H. Moulinsanus,* etc.................................... 3 »

──────────
14^m80

dernier dépôt crétacé : la craie disparaît en ce point sous les argiles tertiaires.

En étudiant la faune des couches qui viennent d'être décrites, on est frappé de l'extrême analogie qu'elle présente avec celle de Monléon et de Gensac, décrite par Leymerie ; on trouve, en effet, dans le Dordonien de Maurens, entre autres fossiles signalés par le regretté professeur :

Baculites anceps.	*Janira substriatocostata.*
Nerita rugosa.	*Thecidæa...* (*papillata*).
Pleurotomaria danica.	*Crania...* (*parisiensis*).
Exogyra pyrenaïca.	*Terebratella divaricata* (*Santonensis*).
E. Matheroniana.	
Ostræa larva.	*Cyclolites semiglobosa.*
O. lateralis.	*Orbitolites socialis.*
O. vesicularis.	*O. secans,* etc.
Pecten Palassoui.	

Les sables à Orbitolites qui constituent à Bardicalet les dernières couches crétacées, peuvent être rapportés au niveau des sables verts de Beaumont qui, eux aussi, atteignent presque le sommet de la craie : je dis presque, car le poudingue et les grès ferrugineux qui terminent le crétacé à Beaumont ne paraissent pas trouver leur équivalent à Bardicalet.

Les bancs sableux à Orbitolines peuvent être exactement synchronisés avec ceux qu'a signalés notre confrère M. Benoist, à Creysse et à Mouleydier (*Actes de la Soc. Linn.*, vol. XXXVII, 4e série, t. VII, Procès-verbaux, p. xxxiii).

Je dois, en terminant ce travail, remercier MM. Pasqueau, ingénieur en chef à Bordeaux ; Mouret, ingénieur en chef à Niort, et Cuënot, ingénieur à Angoulême, de l'utile concours qu'ils ont bien voulu me prêter par la communication des documents de leur administration.

Bordeaux. — Imp. J. Durand, rue Condillac, 29.

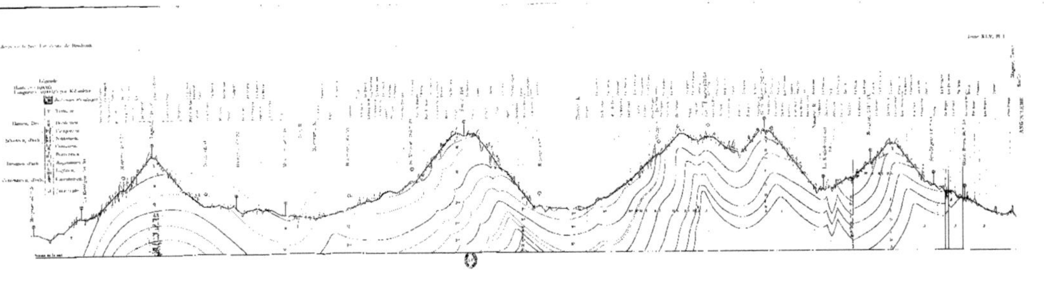

Tome XLV, Pl. 1

9 782019 960018